家居背景墙设计**1688**例

个性混搭

刘杰 主编

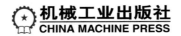

机械工业出版社

CHINA MACHINE PRESS

本书汇集多个个性混搭风格背景墙设计案例，包括玄关背景墙、电视背景墙、沙发背景墙、餐厅背景墙、卧室背景墙、书房背景墙六部分。书中案例均出自资深室内设计师之手，设计新颖、风格多样，且在文中穿插实用的案例点评，从设计手法、风格特点、色彩搭配以及材料选用等方面进行了介绍。本书对广大装修业主、室内设计师都有很好的参考价值。

图书在版编目（CIP）数据

家居背景墙设计1688例.个性混搭/刘杰主编.－北京：机械工业出版社，2010.9
ISBN 978－7－111－31732－6

Ⅰ.①家… Ⅱ.①刘… Ⅲ.①住宅－装饰墙－室内装饰－建筑设计－图集 Ⅳ.①TU241－64

中国版本图书馆CIP数据核字（2010）第170775号

机械工业出版社（北京市百万庄大街22号 邮政编码100037）
责任编辑：张大勇
保定市中画美凯印刷有限公司印刷
2010年10月第1版第1次印刷
210mm×285mm·4.25印张·98千字
标准书号：ISBN 978－7－111－31732－6
定价：24.00元

前言 foreword

背景墙，顾名思义就是在居室中充当背景的墙面。近年来，随着居室设计理念的发展，越来越重视背景墙的装饰功能，而大量新鲜材料跃上墙面，又提供了丰富多样的可能性，背景墙已经从纯实用性渐变到实用加装饰性，再演变到纯装饰性，并且不再限于客厅中，在餐厅、卧室、书房乃至玄关里，都可以有一面背景墙。一面制作得当的背景墙，不仅能令居室亮点突出，还可以帮助划分功能区域，并营造出不同的风格和氛围。可以说，现在居室的背景墙已经不是空间的配角了，很多背景墙甚至变成了居室最闪亮的看点。同时，背景墙的设计也不再那么依赖于专业人士，越来越多的新型材料，如墙贴、壁纸、装饰画等，让自己设计、自己动手装饰背景墙变成了可能。

本丛书涵盖千余例家居背景墙设计，并按照现代装饰中最受业主青睐的风格分为《怀旧奢华》、《摩登简约》、《温馨恬淡》、《个性混搭》和《靓丽缤纷》五册，每册均包括家庭装修中的玄关背景墙、电视背景墙、沙发背景墙、餐厅背景墙、卧室背景墙和书房背景墙这六部分。这些作品均出自资深室内设计师之手，设计新颖，更符合现代人的生活要求和审美情趣。

除了大量精美的背景墙设计案例，本书的文字部分还包含四大特色：

风格特点：本丛书按受业主关注度较高的风格分类，让业主在一本书内就能获得所青睐风格的不同空间的背景墙设计信息。

设计手法：从墙面设计的基本手法讲起，循序渐进、按部就班、由浅入深，让读者能在最短的时间，轻松、有效地掌握背景墙设计的相关知识。

色彩搭配：成功的色彩设计并不需要增加背景墙装修的额外费用，但却能让背景墙更为出色。

材料应用：材料的多样化，让背景墙的设计也变得更为多样化。了解不同的材料是完美背景墙设计的关键。

参与本书编写的有：李小丽、王军、李子奇、于兆山、蔡志宏、刘彦萍、张志贵、李四磊、孙银青、肖冠军、孙盼、张晓晶、王勇、安平、王佳平、马禾午、冯钒津、邓毅丰、黄肖等。正是由于他们的帮助和支持，本书才能顺利完成，在此一并向他们表示衷心的感谢。

目 录

CONTENTS

玄关背景墙

　　个性前卫家居在背景墙的设计中不妨多使用新型材料和新工艺，追求个性的室内空间形式和结构特点，用无规则的切割来丰富视觉。在色彩上，豪放大胆，追求强烈的反差效果，或浓重艳丽或黑白对比。同时非常讲究色彩与材质的对比，利用光、影的变化来装饰墙面。

　　要想使玄关的墙面在小空间中创造出不平凡的场景，墙面设计时需要把握以下四点：首先，门口一般光线不足，因此要用干净明亮的色彩，材料要有好的反射效果。其次，材料要有特点，金属、玻璃都是很出彩的装饰材料。再有，色彩要有对比，且对比越强越好，但颜色应控制在两种以内。最后，灯光的补充要到位，但又要隐藏起来。

风格特点

　　个性混搭的背景墙虽然能为居室空间添上浓墨重彩的一笔，但如果太过于追求个性化的居室风格，不考虑实用性以及人的居住感受，不但会事倍功半，还会给人带来视觉和心理上的不舒服，这样做便抹杀了居室空间设计最基本的要求——以人为主。所以，无论做怎样的个性化设计，都要以人为主，不要变成风格的奴隶。

电视背景墙

作为家居设计中的重头戏，背景墙当然也要把个性前卫进行到底。其实，个性前卫的兴盛，很大程度上源于人们对美的"贪婪"。 完美主义者在任何一种风格里都会看到缺点，所以他们干脆自己创造一种个性风格，只有在属于自己、适合自己的空间才会让他们感到真正的舒服。看似漫不经心，实则出奇制胜，真正体现设计者的审美情趣和品位。

客厅电视背景墙设计最关键的工作就是要确定一个主要的基调或抓住一个主体，只有找到了主线、确定风格才好下手。要知道，混搭也有混搭的道理，混搭并不等于乱搭，要保证整个墙面有一个基本的风格取向，同时保证整体空间在混搭之后仍然有比较和谐的整体感。在保证了整个墙面有一个比较统一的风格之后，就可以在局部设计或者是装饰品的搭配、色彩的选择上下功夫，增添墙面的内容和层次。

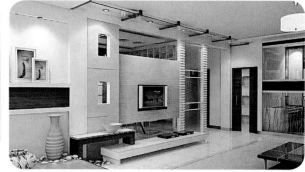

色彩搭配

设计手法：背景墙的混搭忌色彩太多。混搭的墙面材料一般都比较多，因此在色彩的选择上就更要小心，免得颜色过多而显得混乱。在考虑整体风格的时候就需要定下一两个基本色，然后在这个基础上添加同色系的材质，配饰则可以选择柔和的对比色以提升亮度，也可以选择中间色，显得内敛些。

风 格 特 点

其实对个性混搭的追求是一种生活态度，它将生活中那些木头、玻璃、石头、钢铁的硬，融合壁纸、布艺的软，将这些透明、不透明、亲和、冰冷等属性不一样的东西，层理分明并和谐地摆放在一起，中间的反复、对比渗透着的是一种不妥协又孜孜以求的生活态度。

材料应用

　　个性混搭风格的背景墙更注重装修材料的对比效果，通过石材、玻璃、木材等材质反差很大的材料，或者是黑、白等对比色，以及刚柔并举的选材搭配来制造房间装修装饰的一种冲突，而在装修的造型上追求简单不繁琐的效果。

材料应用

　　个性混搭风格家居在墙面材料上不再局限于石材、木材、面砖等天然材料，而是将选择范围扩大到金属、涂料、玻璃、塑料以及合成材料，并且夸张材料之间的结构关系，力求表现出一种完全区别于传统风格的室内空间气氛。

色彩搭配

在色彩搭配上，黑白灰看似很简单，但独到的设计，会产生更富新意的层次感。与其把黑白灰做成一种装饰，不如把黑白做成一种背景，可以加强成熟感和稳重感。如果再搭配一些风格浪漫的家具，能体现空间的贵族气息；搭配有光泽的家居用品，则更在个性时尚中映衬出神秘的气质。

材料应用

　　利用与众不同的墙面材料打破四白落地的单调，比如天然的石灰、木材、壁纸、马赛克等，这种手法的重点是材料一定要纹理漂亮，并且在色彩上要和家具搭调，无论是和谐统一还是强烈反差都能带来很好的艺术感觉。

材料应用

一般来说，石材造价相对昂贵，每块约500~1000元。背漆玻璃每平方米约在100~500元，好的艺术玻璃可达每平方米1000元以上，石膏板每平方米约100元。瓷砖多在地上铺贴，但用作电视背景墙的局部装饰会形成一种硬朗的另类风格，但其造价不菲。

风格特点

　　个性也是一种气质，东方与西方，现代与传统，外加地中海、东南亚等多样的风格，各有各的优点，如何把这些曲线、直线、雕花、毛皮、铜钉、烫瓷等在墙面上搭配精妙，存在着无数的可能性，这也是打造个性家居的乐趣所在。

色彩搭配

任何颜色都有自己的彩度和明度，只要搭配得当都会呈现不同的效果。就像深浅不同、层次丰富的灰，因其柔和的色感，是最容易搭配而又不会出错的选择，也最能带来高雅、内敛的感受。而当它与经典的黑白邂逅，整体搭配则更具稳定性。

设计手法

　　为了整体风格的虚实协调，客厅需要一个较为风格化的墙面作为亮点，这面墙可以采用一些特殊的材质来处理，如肌理墙漆、真石漆、壁布、壁纸，这些材料具有很好的肌理效果，通过对其款式的选择，可以烘托出不同格调的氛围，也有助于设计风格的表达。

设计手法

墙面也走"动态"路线，通过其线条、光影等的变化让墙面变得立体，空间也呈现一种流动感。各种各样的图案通过不同的材质出现在客厅不同的墙面，给人意想不到的惊喜。这样的客厅，给人一种亦幻亦真的奇妙错觉。

风格特点

刚开始尝试混搭的新手,最容易犯的错误就是什么元素都想放进去,很容易把背景墙布置得一团乱,虽然混搭没有什么界线,但是如果布置得杂乱无章,可就完全失去混搭的美感了;此外,可利用颜色和位置高低来制造出层次感,否则整个空间将会变得很呆板、不活泼。

材料应用

　　马赛克丰富多彩的变化一直受时尚一族的喜爱，很少有材质如它一般绚丽多变。马赛克属多彩色，使用同色系的马赛克装饰墙面，利用本身的深浅变化即能营造出迷幻的氛围。如果是不同色相交叉搭配，就要分清主次，用主色调统治整个空间，其他颜色只能在很小的范围内作为陪衬。

材料应用

墙贴是一种背面带胶的PVC材料，表面带有设计和制作好的图案，可自行贴在涂有乳胶漆的墙面、玻璃、瓷砖、冰箱、空调、橱柜、家具等光滑质感的材质表面。考虑到墙体的差异性，建议特殊材质的墙面或是时间比较久的墙面可以先挑个墙角试试，张贴比较方便。

风格特点

　　客厅的家具应该围绕着装修的主体风格来进行选择，不妨以背景墙的颜色来选择家具。不然墙面也混搭，家具也混搭，就会显得杂乱无章，因此，个性混搭的家居一定要做到空间整体的主次分明。

材料应用

　　手绘背景墙最大的特点就是简约，不占用空间，但也有人会觉得一般的手绘墙面太单调，那么不妨试试立体图案的背景墙，与悬挂的液晶电视相呼应，可解决手绘背景墙平坦的弊端。

材料应用

挂板式背景墙的主体采用进口的欧松板制作，利用特有的肌理、明暗凹凸做出各种花纹造型，中间是雕塑部分，可以按不同风格多样变化，随意组合。可根据房间墙壁的规格做出相应大小的背景墙，有古典、现代等多种风格可选。

设计手法

客厅墙面装饰可用的材料有很多，比如壁纸、乳胶漆、玻璃、金属、石材及天然板材等。墙面的选材应结合空间大小、空间功能、情趣修养来加以考虑，如空间狭窄，以镜面、玻璃等材料饰面，局部混搭个性饰品，可使空间获得延展。

　　清新、淡雅的色系成为
很多人墙面装饰的首选，因
为这类颜色可以拓展居室的
视觉空间。如想再给居室增
加一些与众不同的感觉，可
以局部运用重彩加以修饰，
但不宜过多。

用板材装饰电视背景墙越来越常见。不同的木材，颜色也各不相同。木材的颜色直接影响室内空间的整体效果，在油漆面为清漆、室内需要清淡的色彩时，应选用浅色的木材；如果需要暖色调深颜色时，则可选用深色的木材。

设计手法

在墙面材料的混搭上，可采用的选择也十分多元，其混搭原则是金属、玻璃等比较特殊的材质尽量作为点缀，木质、石材等比较稳重的材质可以大面积使用。一般来说，木材是"万能"材质，任何色彩、材质都可与之搭配。

色彩搭配

明色调与暗色调的运用也是背景墙混搭的重点，像咖啡色与米色、原木色与蓝色的相互搭配，温润的木色与金属的光泽、沉稳的壁纸颜色与透明玻璃的搭配，一点也不冲突，反而让家居多了几分内涵。

材料应用

玻璃分为背漆玻璃、艺术玻璃和磨砂玻璃等。磨砂玻璃是种半通透的材料，一般给人一种朦胧感。由于其背后可见光，如果在其背后贴上牛皮纸或者布艺，就能营造出一种现代个性的感觉；如果在其背后贴上抽象图案的画作，则造就了前卫的风格；如果使用古典的剪纸等印花，则是中式的风格。

设计手法

　　如果背景墙面积较大，无论横向还是纵向，都可以充分利用。大气型的背景墙应该避免的是单调，可以用两到三种不同的材料来打造，比如大理石、玻璃、实木贴面、壁纸等都是做大做出气势的合适材料。另外，墙面造型上可以略有层次感，寥寥几笔的勾勒就能让墙面生动起来。

材料应用

对木质饰面板大家都不会陌生，在装修过程中应用得非常广泛。目前，将它用在电视背景墙上的人也越来越多了，因为它花色品种繁多，价格经济实惠，选用饰面板装饰背景墙，不易与居室内其他木质材料发生冲突，可更好地搭配形成统一的装修风格，清洁起来也非常方便。

色彩搭配

　　多变色彩和个性造型的背景墙更多地表现为一种轻松的生活态度。在色彩上，不再拘泥于"黑、白、灰"这些基本色，而是多种色彩相混合，每一种颜色都耀眼绚烂，或奔放、张扬，或斯文、内敛，或趣味、诙谐；在造型上，以简约风格为主导的造型依然是主流。

材料应用

魔块背景墙是由不同材质制作的单个元素块组合而成的，组合形式可任意变化，如一字形、田字形、竖条形。魔块背景墙可根据添置的新家具款式来调整组合形式，既可单独悬挂，又可多品组合整墙使用。在墙壁、龙骨架、支架上等均可安装，非常方便。值得注意的是，这种产品在使用时色彩搭配要得当，否则就会显得很土气。

设计手法

　　用画装饰墙面并不少见，那么直接在整个墙上作画呢？这是目前最为流行的墙面装饰手法，也是纯欣赏型背景墙经常采用的方法。可以直接用墙漆在墙上描摹，也可以用手绘壁纸，总之想把自己的欣赏品位完全融入居室里，用这种背景墙最适合。

设计手法

还记得小时候玩的七巧板拼图吗？类似的方法可以用在背景墙装修上，用板材或石膏板拼贴出几何图案，均分的、不规则的、对称的、曲线的，你可以随心所欲地拼贴你喜爱的图形。

材料应用

通过前卫时尚的设计元素营造客厅的"亮点"空间也是目前电视背景墙的流行趋势，比如，用玻璃或金属等材质，既美观大方，又防潮、防霉、耐热，还可擦洗、易于清洁和打理，而且，这类材质的选用，多数是结合室内家具共同塑造客厅的氛围。

色彩搭配

近年来，"自然色彩"越来越流行，这类型的色彩极为丰富，包括原木色、咖啡色等，它们可给人一种轻松愉快的联想，并将人带入一种轻松自然的空间之中，同时也可让内外空间相融。

风格特点

客厅背景墙的材料有很多，造型也越来越个性化。混搭风格的背景墙很少会用单一的材料来装饰，但是，并不是材料越多就越好。太多的材料拼在一起，容易造成空间的零乱、繁琐，给人压抑、炫目的感觉。因此，在选择混搭风格背景墙的材料时，一定要仔细推敲、琢磨。

色彩搭配

墙面用相近色调的搭配会给人以稳定的印象，而对比色的组合则具有个性鲜明的特征。加入对比色还能产生互相提携，搭配和谐的效果。鲜亮的橙色和素雅的灰色以大约1∶1的比例搭配，是对比强烈的组合。如果想稍稍削弱对比度，只需改变其中一种颜色的色调，或者加入一些无色系的颜色，效果也不错。

风 格 特 点

　　混搭并不是简单地运用材料，而是通过运用各种材质和形式表现整个墙面的质感、节奏和层次感，同样需要花大功夫。例如，在局部墙面上加入一些细节如凹凸处理或图案、条块等元素，来更好地表现整个空间的精神所在，这种处理手法逐渐被很多人接受。

设 计 手 法

　　对于年轻人来说，个性化风格比高贵奢华更为重要。一些有创意的设计师和业主，巧妙地利用了油漆色彩千变万化的特性，设计出了许多富有特色的手绘背景墙。这种可自由DIY的手绘涂鸦方式简洁大方，受到了不少年轻人的热捧。

风格特点

在个性化的设计中，除了原有的天然材质——木材外，玻璃、金属、不锈钢、塑料等现代材质也被吸纳进来；与之相应的，色彩和造型也表现得更为大胆、新奇，色彩与款式之间组合的随意性也更强了。

设计手法

线条搭配靓丽的颜色来装饰客厅墙面，在混搭中取得异中求同的协调性。简洁利落的直线条，给墙面营造出不一样的造型，同时也把多种不同的材料元素框在一起，线条本身即成为空间里不显眼的、简洁的背景色。

色彩搭配

有时意想不到的颜色组合会有着与众不同的效果，不要害怕打破固有的规则，传统及安全的做法往往不及大胆创新更有效果。不妨试试用灰色与蓝色的搭配来打造背景墙，大胆创新，让空间呈现一种梦幻感。

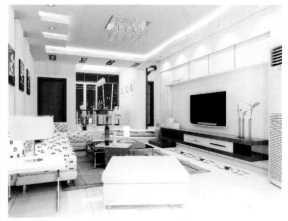

材料应用

　　镜面的反射作用是很多人家居设计中选用它的原因之一，但切忌大面积使用，那样会让会客区变成练功房一样的无味。金属墙面看起来沉重、冰冷和压抑，但若是能与铁艺、木材、涂料、壁纸等材料巧妙搭配，则是另一番情趣。想办法去选择那些平时不敢采用、但值得尝试的材料，通常都会有更新的思路被开拓出来。

设计手法

在个性客厅墙面的装饰上，一定要注意细节的处理，配饰的颜色不妨变得更加多彩、清新，材质愈加清透，造型上也来个天马行空的创意。这样背景墙很容易就成为客厅的主角，他们不仅能流露出你的喜好和时尚风格，更会让个性的客厅与众不同。

沙发背景墙

　　"不要流行、只要个性"的设计风格为人们打造客厅提供了新的思路。客厅中的个性，简单地说就是你的偏爱，无论是新颖的空间形式，或是大胆鲜明的色彩混搭，还是不拘一格的选材搭配，甚至是另类个性的装饰布置，既然是你喜欢的，就让它"膨胀"，让它"膨胀"成一种风格、一种氛围。

　　从时尚界开始的混搭之风，已经逐渐地感染到了室内设计，甚至沙发背景墙的设计。随性混搭正是让墙面变得更加时尚、出彩的关键所在。不同风格、色彩、材质的东西和谐地混搭在一起，创造出了让你意想不到的效果。但是往往一些人装修时过于追求混搭，最后却变成了乱搭，甚至成了各种元素堆砌的家居展示厅，因此混搭是需要有节制的。

色彩搭配

灰色图案的壁纸可以为居室提供一个既不夸张又不会太平淡的背景，你喜爱的家具会在这个背景前充分显露其特色。如果你是第一次挑选壁纸，选择这种壁纸比较保险，不容易给人夸张感。

设计手法

　　如果不想大动干戈，又不想放弃个性，那么不妨选用极具现代感的家具，在保证功能上使用舒适的基础上体现个性。或是在背景墙上画上抽象的图案或波浪曲线与直线的组合，都能取得独特的效果。

运用马赛克来装饰沙发背景墙是个不错的选择。不同材质、不同铺贴方法的马赛克可以显示出不同的装饰效果，满足业主对个性装饰的要求。现在一些马赛克品牌还可以根据业主自己设计的图案和规格进行量身定制，试想一下把自己设计的马赛克拼图装饰在沙发背景墙上，会多么有个性。

色彩搭配

　　清丽的绿、神秘的紫、欢快的黄、浓艳的红、浪漫的淡粉，背景墙不同的色泽能够为居室烘托出不同的氛围，营造出不同的装饰风格。恰当的色彩运用，配合家具的色调进行和谐混搭，便能充分展现壁纸色彩的无限魅力。

受轻装修、重装饰思路的影响，装饰在家居生活中的地位越来越重。选用一些点睛的小饰品、布置一个特效的墙壁做混搭也可以起到画龙点睛的效果。但选择装饰品时一定要带着美学修养去"收集"，不然家里很容易变成杂货铺。

材料应用

在选购墙面涂料时应考虑价格和耐久性的因素、材料价格和施工价格的因素、材料档次和施工水平的因素，只有恰当地处理好这几者关系，才能求得经济上的合理。不要片面追求低价格，或不顾当地施工水平，一味追求高档次的涂料，这样都不能取得好的装饰效果。

色彩搭配

黑色，向来代表着高贵、优雅、沉稳以及神秘，黑色的这种特质源于它本质的单纯，作为最纯粹的色彩之一，它所具备的强烈的抽象表现力超越了任何色彩体现的深度，也许这正是当下人们追逐它的理由。

餐厅背景墙

　　个性餐厅的营造一般通过突出的背景墙以及充满时尚个性的家具来实现。其实，作为使用功能较强的餐厅来讲，无需过多的装饰，也并不需要复杂的造型，只要拥有足够的想象力，便可秀出另类风采。无论是表现快乐的温馨，还是抒发情调的别致，或者是充满艺术感的浪漫，个性餐厅完全由你作主。追求个性的人，总是不会安于现状，永远追逐在流行的最前沿。

设 计 手 法

　　尽管一般餐厅面积都不会太大，也要尽心去做，不能因为餐厅的"随意"，影响整个"大厅"的个性展示。时下，背景墙表现个性的手法很多，但对于餐厅来讲，材料的表现是非常重要的元素。抛弃传统的装修材料，摒弃千篇一律的预制花纹，利用PVC板、矿棉板、金属、玻璃等流行材质，打造一个特色的个性背景墙。

风格特点

　　新颖的空间解构形式，别具一格的选材搭配，另类个性的陈设布置是个性餐厅背景墙的主要特点。个性家居着重凸显居者的喜好特点，侧重于表现人居环境的精神层面，设计手法更加纯洁、直白。

　　黑、白、红被认为是最浪漫的调色板，这是一个几乎没有瑕疵的完美搭配。红加白演绎时尚，黑加白塑造另类别致，红加黑凝聚出沉稳大气。这样的搭配使居室的品质在细节中得到无限的升华，打造出优雅无比的家。

材料应用

玻璃的通透性很高，花色也更加现代和复杂，虽然是薄薄的一层，但却让背景墙看上去别具特色，而且可以随意在玻璃的内部加上任何自己喜欢的花色纹样，可随时变化，让空间更有灵活性，特别适合像餐厅这样经常举行各种聚餐活动的空间使用。

卧室背景墙

　　背景墙在装修中占有相当重要的地位，也是视觉的焦点所在。墙面的设计代表了家居设计的创新趋势，将个性与时尚风格的线条、色彩、造型等装饰元素创新性地混搭在一起，融入到了现代的家居设计中，使其更符合现代人的生活要求与审美情趣。

　　新材料的不断涌现，让卧室背景墙中也出现了不同的表现效果。抛开板材、织物、涂料等沿用已久的传统材料，多选择金属、玻璃、塑料等能表现别样效果的现代工业材料，卧室墙面也能展现出时尚、个性的元素。不过，由于卧室功能的特殊性，不宜大面积采用这些材料，太过时尚的效果会影响到人的睡眠质量。最好能在局部进行变化，这样既能表现个性的一面，又不至于破坏卧室的功能环境。

风 格 特 点

　　传统观念中，卧室的装修效果应该以温馨、平和为主，这主要是为了营造出良好的睡眠环境。但是，看腻了一贯的"柔情似水"后，现在许多人也开始追求卧室的个性表现。其主要手法就是将客厅的装修设计"移植"到卧室中来，通过主题背景墙的营造，或者顶棚与地面的变化，使原本平静的卧室，也展现出别具一格的魅力。

设计手法

卧室背景墙在装饰造型上的自由度远远大于地面，因为它的颜色深浅或形状繁简都会给人意想不到的惊喜，可以任设计师和业主发挥而不受过多的限制。但是，需要注意的是，背景墙的装饰必须纳入居室的整体风格设计之中。

色彩搭配

卧室的床品往往就包含了好几种颜色，让它成为你混搭的好帮手吧。不妨试试把床品的颜色抽离出来重新排列组合，然后再有机地运用到卧室的背景墙。你会发现卧室的颜色很协调，并且与床品也能很好地搭配。如果喜欢的话，还可以把它们再重新组合，用在其他的空间。

设 计 手 法

　　卧室背景墙的混搭一定要结合卧室
空间的大小来考虑才是最理性的方式。
面积较大的卧室，墙面也相对较大，想
法和创意就可以相对自由发挥，在墙面
的颜色、材料的运用上下功夫；如果卧
室面积有限，背景墙最忌乱、拥挤，不
妨在装饰上多花点心思。因此，在卧室
背景墙的混搭上不能只凭个人喜好，还
应量力而行。

材料应用

　　质感和色彩是涂料装修效果优劣的基本要素。在选用涂料时，应考虑与室内环境协调，并对室内形体有好的补充效果。如对于面积小、采光不足的房间，可以采用暖色调涂料以形成空间扩张感。

在空间中大面积的使用黑色或棕色等暗色后，已经能够营造出神秘而厚重的气氛。这时，不妨用明亮的颜色来点缀一下空间。亮色的点缀效果是极强的，所以点缀一定不能过多，最好能与深色家具搭配起来。

书房背景墙

提到"个性"、"混搭",很多人都以为是种装饰风格,其实,个性混搭虽然与风格有关,但它更是一种实现品位化装修的手段,适用于任何风格,所以对装修而言,个性混搭不是锦上添花,而是基本要求。

打造个性书房的背景墙时,有一点要特别注意,并不是处处突出个性就能打造个性前卫居室,这样往往会事与愿违。在一个墙面上,甚至一个空间里,适当地留白,个性往往会更加突出,品位也就自在其中。